芡实的最大叶片直径可达两米
新叶、老叶层层覆盖，几乎不见池水
叶面厚实，足以负重
闪闪发亮形成壮阔的景色

诗云：森然赤手初莫近，谁料明珠藏满腹……

拿起竹刀划开花苞旁边的大叶子
割下拳头大小的膨大芡实果，可剥出上百个小种子
去壳后雪白晶亮，俗称鸡头米
是颇受欢迎的高经济作物

摄影：汪浩

芡实序

芡实有一个更广为人知的名字，叫作"鸡头"，因为芡实球形的果实顶端带着尖尖的花萼，宛如鸡喙，连着果柄便俨然鸡头状，所以得此别称，十分形象。而剥下的果粒，又叫"鸡头米"，就是其食用部分。

鸡头米一粒粒圆圆的像珍珠一样，很少有人能想到，它浮在水面上的叶片，可以大至两米，并且叶脉粗壮，上面甚至可以放重物，完全不是娇小柔弱的样子。芡实自古以来就是水乡救荒的重要作物，可以代替粮食充饥，还能制成淀粉，我们所熟知的"勾芡"，最早就是由"芡粉"而来。

我们一般在市场上买到的芡实，是苏州当地经过千百年的栽培选育，种植的优秀的栽培品种"南芡"。南芡在叶背有刺，除此之外，通体无刺，并且果粒大，色黄性糯，口感好。而芡实还有一种野生品种，分布更广泛，被称为"北芡"，通体有刺，果实像小刺猬一般，采收不便，产量也低些，口感更是不如南芡。

芡实口感黏糯，并且营养价值高，自古就是滋补珍品，甚至可以入药，很受古人欢迎，可算是水八仙里面价值最高、最名贵的一种。为了品其真味，苏州人最推崇的吃法就是最简单的"糖水鸡头米"，把新鲜芡实在滚水中迅速汆烫过，倒入糖水之中即可。做法虽然简单，吃起来糯韧清香，其滋味是干芡实不可比的。近年来速冻新鲜芡实的做法得到推广，也让外地人有机会能够一品新鲜鸡头米的风味。

芡实好吃，种起来却特别麻烦和辛苦，浸种之后，要移苗到小田育苗，之后还要再次移苗到大田继续育苗，到五六月份才正式定植水塘。芡实的采收期也很长，可以采收十几轮，所以采收季节，农户每天凌晨三四点就要起床开始劳作，在水中浸泡一天，抢时间采摘，回去之后还要熬夜剥鸡头，人工耗费巨大。所以这也是芡实售价高的原因之一。

苏州的黄天荡曾是南芡最重要的产地之一，经过围湖造田以及工业园区的征收，湖荡和烂泥田消失，当地的芡农只能逐渐驱车往外地远处包地种植芡实，再驱车将芡实载回城市小区加工，成了新时代的"都市农民"。■

采访手记

●寻找苏芡

芡实分北芡、南芡，苏州所产"苏芡"即南芡，粒大质好，是最负盛名的优秀品种。之前采访的苏州江湾村并没有种芡实，所以要另寻他处。2010年8月初，汉声编辑刘镇豪、陈诗宇在离开江湾村，通往贯穿苏州工业园区的东方大道途中，忽然远远看到一大片闪闪发亮、漫无边际、铺满巨大绿色叶片的水塘，停下走近观察，原来就是寻觅已久的芡实！打听之后获知，这里是同属车坊的前港村，果然是苏州芡实重要的集中种植区之一，主要种紫花芡。我们便选择这里作为芡实的观察基地，并由江湾村胡敬东主任牵线联系到了前港村万勤斌主任，使我们的采访工作能够比较顺利地进行。

●出乎意料的巨大叶片

若不是亲眼所见，则完全无法想象，小小鸡头米，在水中的植株却如此壮观。芡实的叶片呈圆形，直径大的可达两米，可与王莲相匹敌，一片一片平坦地铺在浅浅的水面上，新叶盖着老叶，重重叠叠地几乎将水塘盖得严严实实。叶片油绿色，从中间往四周放射叶脉，叶脉之间布满

了隆起的褶皱。时近中午，上百亩的芡塘在日光的映照下泛着耀眼的亮光。而新生的小叶蜷缩成一团，从缝隙中冒出，就像浮在绿海之上的小碗或者小舟。

忽然一队水鸭，竟啪啪啪地径直登上叶片走过，看来这看似薄弱的叶子还是相当牢靠的。我们费劲地掀开一片叶子看，叶背却是紫红色的，上面分布着极其结实的叶脉，网状交错。一不小心被刺得哇哇叫，原来在叶脉上，还长着不少尖刺。

仔细观察，叶面之上还钻出了不少紫色的花苞，星星点点。我们吃的"鸡头米"，其实就长在这花萼之下。花蕾在水下形成，等到钻出水面开放一两天，授粉之后便迅速凋谢，花萼随着花托弯入水中，不多时将会逐渐发育成果实。

●水下藏着庞然大物

我们希望能够挖出一株芡实，看看藏在水下的都是什么。起先问的农民都不愿意，费了好大工夫说明来意，并计算一株芡实的产出和人工，支付损失费用，总算找到一位老伯愿意帮忙，下水帮我们起一株出来观察。老伯卷起裤腿下水费了好大劲，左右松动，加上我们一起拉，好不容易才将一株芡实拖泥带水地拉出水面。

一出水，着实把我们都吓了一跳，从植株中心扭曲地长出十几根粗壮的叶柄和花柄，像一只大章鱼，下面还连着一大坨白花花的须根，而叶柄又带着更加巨大的叶片，摊在地上占了好大

农民阿发帮汉声编辑挖出一株芡实家观察

（下转第36页）

芡实全株图解

档案

分类：被子植物门，双子叶植物纲，原始花被亚纲，睡莲目，睡莲科，芡属

学名：Euryale ferox Salisb.

别名：鸡头、鸡头米、鸡头实、鸡咀莲、鸡头莲等

原产地：东亚

分布：中国南北各地湖泊、池塘及低洼湿地。日本、印度也有分布

中国主产地：山东、江苏、安徽、湖南、湖北等

食用部位：成熟种子 叶柄

生长期：4月至10月初

采收期：8月中下旬至10月

芡实

芡实是睡莲科芡属一年生大型草本水生植物，又名鸡头米、鸡头实、鸡嘴莲，原产东亚，性喜温暖。在我国南北各地的湖泊、沼泽水域中均能生长。芡实有野生种和栽培种，在江苏、湖南、湖北、山东、安徽等地有人工栽培。苏州的南塘鸡头，即南芡，是最著名的优良栽培品种。芡实食用种子之内的白色种仁，称为"芡米"或"鸡头米"，可羹鲜煮、炒、酿酒，或制成干芡米、芡粉。芡米也可入药，性温，味甘涩，主治脾虚泄泻及带下等症。一般4～5月份开始种植，到8月份中下旬可开始采收至10月，一般亩产干芡米25公斤左右。鲜芡米不耐贮藏，但可带水速冻，方便运输保存。

【果】

芡实的果实为圆球形浆果，直径约10厘米，萼片长成果皮，顶端有鸡喙状宿留花萼尖，果皮软有鸡头黄绿色，无刺而密生绒毛，果皮成熟表明开始成熟。每株生果十几个，单果重0.2～0.5千克，内含种子100至300余粒，果实越大，种子越多。

【种】

种子圆球形，直径1.5厘米左右，外有淡红色或黄褐色假种皮（苞衣）包裹，厚0.3～0.4厘米。按不同成熟度和坚硬程度，民间分为鸡黄、老粒6种。成熟的假种皮较硬，大响完，剥坏，分3层，剥开后，可见内含一粒糯米黄色的种子，为白色或浅黄色。种子，直径0.7～0.9厘米，种仁为白色或浅黄色。

【花】

当植株抽生4～5张完全叶之后，花梗从短缩茎的叶腋间抽出，顶部开花。一般先抽一花，再抽一叶，后期则连续抽生花。花冠露出水面开放1～2天，昼开夜闭。花托卵球形，褐色，花萼4片，三角形，外侧青绿色，内侧呈紫红色或白色，花瓣因品种不同呈青紫红色或白色。雄蕊30多个，并与内侧花瓣基部相连。雄蕊多心皮合生而成，柱头圆盘状，紫红色，子房下位，14～18室。自花或异花授粉之后，花即凋谢，花萼宿留，随着花托沉没入水中，发育成果实。

【茎】

茎为短缩茎，埋于泥土之下，呈倒圆锥形，紫红色。中央部分组织紧密，呈海绵状，外围组织疏松，中有气管，在上同叶柄、根系相通。在上同叶根系相连，果柄相通。短缩茎的高度和直径可达15厘米以上。

【根】

芡实的根为须根，长度可达80～130厘米，深入土中，根内有小气管与茎叶相通，初生时为白色，老熟时会逐渐变为褐色。芡实的根数量较多，粗0.4～0.8厘米。

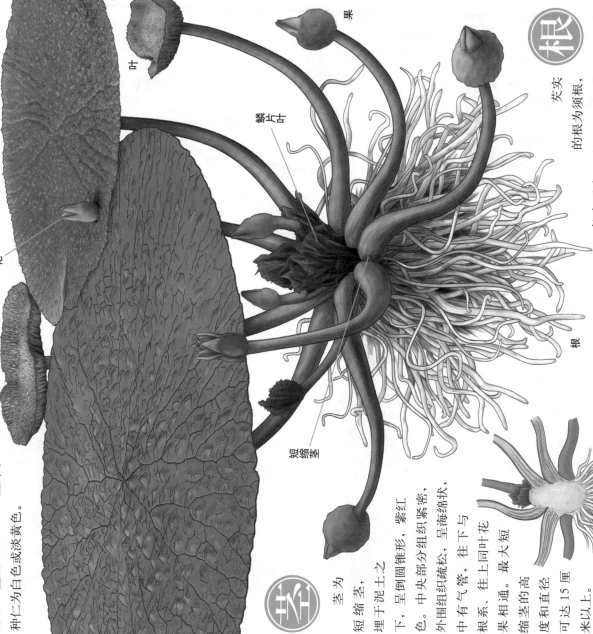

图中标注：叶、果、花、鳞片、短缩茎、根、花

【芡实花纵剖面图】

【果实纵剖面图】

【短缩茎纵剖面图】

【叶】

叶片从短缩茎的鳞片间由外向内环生。芡实的叶子接照生长时间的不同，分为线形叶，箭形叶、盾形叶和完全叶5种。初生叶呈线状，1张。随后发育抽生载形叶，长3～4厘米，宽2厘米，箭形叶2～3张。接着抽生的叶片过渡为盾形，长4～5厘米，宽7～10厘米，均为水中叶，表面光滑平整，浮在水面5张。叶柄由细长如发变得粗壮，逐渐向圆形过渡，同时抽生须根。最后形成圆形的完全叶，叶片巨大，直径1.5米～3米，初生尖，两端尖，蜷缩皱褶，布满尖刺和褶皱，逐步展开，平铺水面，叶表面油绿色有红色镶边，无刺，叶面皱褶多，色镶边，突起，背面叶网状叶脉交叉明显，叶背紫红色，着生暗褐色细刺，叶柄无刺而有短绒毛，粗3～4厘米，组织疏松，此时叶片网状叶脉而有短绒毛，组织疏松，长可达1米，内部气孔发达似藕孔，故叶片平铺水面。此时叶新叶开始互相靠压，新叶不断长大，全株保留完全叶4～5张。由新芽萌发至果实终收，期180～200天，全株共抽生25张左右的叶片，先端生1张，载形叶1张，盾形叶1～2张，箭形叶4～5张，完全叶18张。

【幼叶纵剖面图】

叶片剖面

苏辙有诗《食鸡头》：芡叶初生绉如谷，南风吹开轮脱谷
紫苞青刺攒猬毛，水面放花波底熟……

生动描述芡实皱缩的初生叶，舒展如轮的大叶
紫色的花苞，以及水底成熟的果实

生长环境

南芡性喜温暖水湿，光照充足，不耐霜冻，需要有机质丰富、质地松软的壤土。整个生长过程不能离开水，并且要求水位稳定，水深超过1.5米即难以生长，大风大浪则影响扎根并容易打碎叶片。所以大多利用湖边浅滩围垦，在沼泽低塘栽培，或在灌排方便的内塘圩田中栽培。水深控制在30～70厘米左右。

栽

芡实的栽种

栽培方式

芡实以种子繁殖，分直播和育苗移栽两种。直播多在浅水湖荡栽培时使用。育苗移栽多在田塘栽培时使用，以下以育苗移栽为例介绍种植方式。

●轮种

苏州地区的芡实一般以秋种两熟菱为前作，5～6月夏菱采收结束后栽种芡实。芡实采收之后，可改种水芹或其他蔬菜为后作。

●催芽

4月初气温转暖时，将留种种子取出洗净，用清水浸种，换水、催芽，日晒夜盖保持温暖。胚根和子叶柄萌发、伸长，从种孔中露出种皮，称"露白"。多数种子露白以后即可播种。

●育苗

4月中旬，在田中挖开一个2米见方，深15厘米的育苗塘，灌满水，待泥水澄清后播种，每平方米播种1千克左右，播种轻撒水中，避免种子陷入烂泥影响出苗。

待移苗的幼苗

育苗塘

●移苗

5月中下旬，当幼苗有2～3片小叶时，可以开始将小苗移至水田。灌水深10～15厘米，行株距50厘米，避免埋没心叶。随着新叶生长，逐步加深水位直至30～50厘米，接近定植水位。

芡实性喜温暖水湿，不耐霜冻
需要有机质丰富的松软壤土
大多利用湖边浅滩围垦或在灌排方便的圩田栽种
生长过程十分环保，又可获得无污染的农产品

移苗后的芡实田

●定植

6月中下旬，当芡实苗长出4张圆叶，直径达25厘米时，即可定植至大塘。定植前，先整地、清除杂草，并在水塘底大约以2.3米见方的行株距用竹竿或芦苇插上标记，在标记边开穴，一亩120～140穴，穴内施腐熟有机肥或河泥。施肥后一两天泥水澄清后即可定植。

先将芡实苗从水田中挖出，尽量少伤根，根部带泥，随即轻缓有序叠放装担，运至定植塘，随挖随栽，浅栽于穴中心，略培土防止幼苗浮起，深度以没根为度。

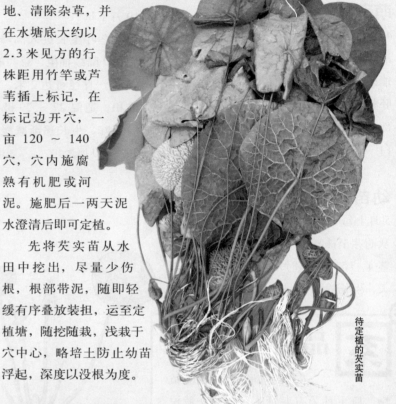

待定植的芡实苗

①挖出芡实苗

生长过程

萌芽期

4月上旬~4月下旬

清明前后，芡实的种子开始催芽。4月中旬种子萌发，胚根、胚轴、胚芽及子叶基部先后通过种孔长出，称"露白"。需浅水5~10厘米左右。

幼苗生长期

5月上旬~6月上旬

从萌芽至株高10~15厘米，抽生叶状茎4~5条。该时期一般需要20~25天，生长适温25~30摄氏度。

茎叶旺盛生长期

7月上旬~10月下旬

植株茎叶生长进入高峰期，圆形完全叶陆续抽生，总共能抽生18~20张，直径可达2米，同时养分逐渐累积。适温27~29摄氏度。后期气温下降，生长逐渐减缓。水位加深至30~50厘米。

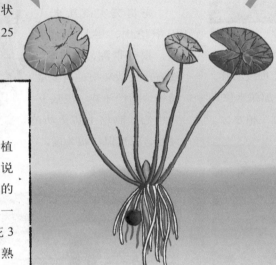
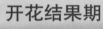

种子休眠期

10月中旬~来年3月下旬

植株地面部分停止生长，逐渐枯死，果实采收结束。留种种子装袋埋入30厘米深的淤泥或水底过冬。

开花结果期

8月上旬~10月上旬

随着植株每长一叶，即开一花，植株全面进入生殖生长和收获期。为便于采收，水位控制在40厘米左右，适温20~29摄氏度。

芡实生长过程

品种

芡实是睡莲科芡属植物，原生种为有刺野生种，即一般说的北芡（刺芡），另外还衍形成了无刺的栽培种，即南芡（苏芡）。南芡可进一步按花的色泽分为紫花、白花和红花3种，或按熟性早晚分为早熟种、中熟种和晚熟种。

北芡植株茎、叶、果均密生刺，籽小，色绿，壳薄，性粳，品质差，分布广泛，大多在湖塘生长，自生自灭或成熟后一次性采摘，每亩可收干芡米20公斤左右。南芡为人工栽培，植株除叶背叶脉上有刺外，其他部位均无刺，方便采摘，可根据成熟期分批采收，每亩可收干芡米25公斤左右。芡米粒大整齐、色黄、壳厚、性糯，品质好，主要分布在苏州周边东太湖地区，最著名的原产地为苏州城外的黄山南塘、群力村黄天荡，所以又称"南荡鸡头"。黄天荡消失后，芡实种植区亦向外转移。近30年来，山东、安徽、江西、湖南、湖北、上海均有引种。

●南芡

紫花芡：苏州地方品种，叶径1.5~2.5米。花萼外侧青绿色，内侧紫红色，花瓣紫色。单株结果数多，单果重400克以上，通常种子直径1.6厘米，种皮厚0.4厘米，种仁直径0.8厘米。成熟早，8月中下旬开始收，10月上旬终收。

白花芡：苏州地方品种，叶径2~3米。花萼外侧青绿色，内侧白色，花瓣白色。单株结果数略少，单果重500克以上，平均单果种子109粒，通常直径1.6厘米，种皮厚0.35厘米，种仁直径0.9厘米。成熟略晚，8月末9月初始收，10月中旬终收。

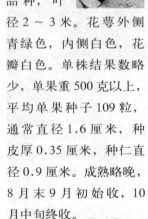

红花芡：由白花南芡与紫花北芡杂交后代中系统选育而成。叶径1.5~2.5米。花萼外侧青绿色，内侧鲜红色，花瓣鲜红色。单株结果数多，单果重400克以上，通常种子直径1.6厘米，种皮厚0.4厘米，种仁直径0.8厘米。成熟早，8月中下旬始收，10月上旬终收。

●北芡

北芡植株个体较小。成株全身密布硬刺。叶片直径一般70~80厘米，最大也可达200厘米，叶背红色。花瓣紫色，16片，花蕊白色，花萼4片。子房下位，9~12室。果实卵球形，直径7厘米左右，重0.25~0.5千克。宿存花萼有刺。单株结果13~15个，每果平均有种子70粒，

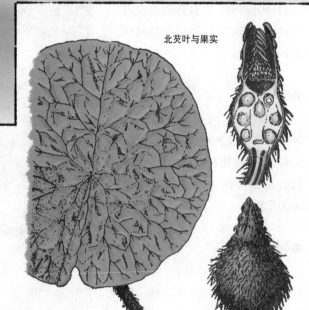

北芡叶与果实

个小且不整齐。种壳绿褐色，质薄坚硬。通常种子直径1厘米，壳厚0.1厘米，种仁直径0.8厘米。抗逆性强，能在水深1.5~2米时生长，盛期可耐2.5米水深。

注：此页品种照片来自《苏州水生蔬菜实用大全》

收 采收

芡实的采收

处暑过后，芡实的果实变大，果柄发软下垂，果皮变得富有弹性，表面可以摸到一粒粒的种子时，说明早期果实开始成熟，便可以陆续分批采收了。因为果实陆续成熟，所以采收期也比较长，一般隔 4～6 天采收一轮，每轮一株采收一两个，可采收 8～10 轮，一直到 10 月中旬霜降前收完。

●采前准备

采收前，备好一把长约 20 厘米的竹刀，用于划开叶面和采割芡实。竹篓一只，用于装果实。

竹刀

因为芡实叶片的背面布满尖锐的小刺，所以下水前，农民还要穿好橡胶靴、防水裤，左手戴手套掏芡实，而右手因为执竹刀，不直接接触叶片，所以可不戴手套。

布满小刺的叶背

划

在叶面划出一个圈

●下水采收

1. 采收的时候，顺着栽种的行间稍微划开通道，方便通往每个植株。
2. 接着用竹刀以芡实植株为中心，在叶面上划出一个圈，露出水面，方便采摘芡实，划叶片时要注意尽量划在老叶叶边，避免破坏主叶脉，防止进水腐烂。
3. 左手伸入水中，摸到果梗变软的成熟芡实，将其拉出水面，用竹刀在果实基部果柄处划两刀，迅速将其割下，投入放在旁边叶片上的竹篓中。切划的时候要注意保持果柄切口完整，避免污水流入气管，从而引起腐烂。
4. 一条走道可以采收左右两行，来回采两行之后，将竹篓中的果实装入田埂上的袋中，再继续下水采收。一位农夫一天大约可以采完两亩塘，大约两百余株芡实。

拉

割

执竹刀以植株为中心沿叶缘划一个圈，戴手套的左手探入水里，将背面叶脉布满短刺、背面叶脉布满短刺的成熟芡实拉出、割下陆续收成时农人起早赶晚，采收得格外小心一天摘完二百多株始歇息

④定植好的芡实塘

③定植芡实

②把芡实苗运至定植塘

7月底，叶片长满水面

田间管理

●水分调节

芡实需水量大，生长过程不能断水。种子萌芽期，水位较浅，以 5 ~ 10 厘米为宜，幼苗期，水位逐渐由 10 厘米增至 30 厘米。定植后，水位从 30 厘米可逐渐加深到 50 厘米。外荡湖沼的水位可达 60 厘米，但不宜超过 1 米，不仅不方便劳作，芡实也易生长不良。结果期水位可以回落至 35 ~ 40 厘米。

●防风

芡实幼苗不耐风浪，若在湖荡或大田种植，需在四周栽种茭白。荡内每隔四五行纵横栽茭白一行，形成防风带。内塘浅水田风浪小，可以不栽茭白。

●追肥

南芡不耐肥，肥料过多叶片过于肥大，影响结果。但叶片生长不良时应追肥，用粪尿肥拌入河泥中捏成泥团，施入距植株 15 厘米的土中，一般施 2 ~ 3 次即可。另外移栽芡苗成活后 15 天内，也需追肥一次。

●除草

芡实幼苗期，植株弱小，须时常耘田除去杂草，把草揉成团塞入泥中，避免出现"草欺苗"情况。芡实塘水面如果有浮萍生长，易覆盖

水面，影响芡实生长，所以在定植前后，一定要用网兜将水面的浮萍和藻类捞干净，并随时检查捞除。

7月底以后，叶片长满水面，根系蔓延，应停止除草，避免踩断新根，破坏叶片。

捞除浮萍和藻类

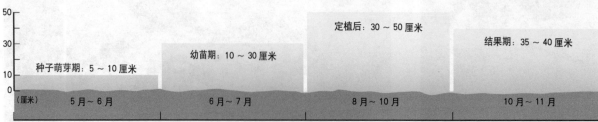

	定植后：30 ~ 50 厘米	
		结果期：35 ~ 40 厘米
幼苗期：10 ~ 30 厘米		
种子萌芽期：5 ~ 10 厘米		

50
30
10
0
(厘米)

5月~6月　　6月~7月　　8月~10月　　10月~11月

不同时期芡实田水位高度

芡实的营养与功效

文：黄文宜（中医师）

【饮食养生】

◎营养成分：在水生蔬菜中，芡实的热量、蛋白质、碳水化合物、磷、维生素 B_1 等含量相对较高。干芡实与干白果的各营养素含量接近，而磷、钾、钠、铁、锌、铜的含量更高。

◎补脾益气：传统中医认为芡实"味甘补脾"，可除湿止泄，改善肠胃虚寒。不燥不腻的芡实，不但能健脾益胃，还可补充营养，适宜秋季进补。例如闽南、台湾常见的"四神汤"，便是以芡实、莲子、淮山、茯苓这四味药材炖猪肚制成的一剂药膳。

◎延年益寿：芡实在中国自古便作为抗衰老之良物。苏轼自述其养生良方，便是把煮熟的芡实一枚枚地细细嚼咽，每天 10～20 粒，长年坚持。现代实验已从芡实中提取出多种功效成分，可抗氧化以及缓解心肌缺血。

【饮食治疗】

◎性味归经：性平味甘涩，入心、肾、脾、胃、肝经。

◎功能主治：开胃助气，止渴益肾，治小便不禁，遗精白浊带下，湿痹，腰脊膝痛。补中，除暴疾，益精气，强志，令耳目聪明。健脾除湿，收敛止泻，主治脾虚湿盛，久泻不愈之症。

◎食疗验方：【止遗泄】：凡患遗泄症者，枣仁二钱、金樱子三钱、白莲须三钱，装在小袋中，与芡实一两同煮。吃时将布包里的药渣弃掉，吃芡实、喝汤。宜在下午吃，可以代替点心。时时食之，可医治习惯性遗精。如患者有病已久，可在药物包中另加龙骨四钱、牡蛎四钱，分两次煮。每天服食两盅。【治虚浊】：患白浊症屡愈屡发，或日久而有气虚现象的，即是前列腺部分松弛成为漏泄。宜用北芪片一钱、升麻三分、柴胡三分，与芡实一两同煮，连服一月。【止便频】：年老气虚，小便频频，或小便不禁，半夜时时起身，可用党参二钱、黄芪片二钱，与芡实一两同煮，作为充饥食品，经常服食能滋补气虚，疗治小便过多。【愈白带】：妇女白带，如有湿热症（即局部发炎者）或气虚带下者，都可用黄芪片一钱、龙骨四钱与芡实同煮。煮时除芡实之外，皆用布包。

◎益肾固精：传统中医认为芡实"味涩固肾"，可收敛镇静，治小便不禁，遗精带下。现代医疗亦证实了芡实对肾病有一定疗效。此外经测定其肉内有树胶质，可医治前列腺松弛，同时也是极佳的养生滋补品。

【饮食节制】

◎《饮食须知》提醒："生食过多，动风冷气。熟食过多，不益脾胃。"芡实性质较固涩收敛，一般人也不适合把它当主粮吃。芡实无论是生食还是熟食，一次忌食过多，否则难以消化。

【饮食宜忌】

◎《随息居饮食谱》记载："凡外感前后，疟痢疳痔，气郁痞胀，溺赤便秘，食不运化及新产后皆忌之。"平时有腹胀症状，大小便不利者，勿服。 ∎

注：
①文中所涉营养成分含量，均依据《中国食物成分表（第一册）》，北京大学医学出版社，2009 年第 2 版。
②文中所涉中医内容，主要参考《本草纲目》等古籍。

把果实割下

采收下的新鲜芡实

芡实采收示意图

处理贮藏

将采下的果实取出种子，方法有几种：一是将果实基部挖开，脚踩木棍压果实，将种子挤出；或将果实装入竹篓，用脚踩烂，再冲洗出种子；大批量则是将果实堆起，或挖土坑倒入果实，泼水盖草沤制，过一两周后待果皮沤烂，淘洗干净即可。

种子外包裹有坚硬小壳，还须剥开。嫩者用铜指甲剥，老的可用钳子夹开，或水煮之后用木槌捶散种壳。每 5 千克果实可剥

用木槌捶散种壳

出鲜芡米 1 千克左右。

将鲜芡米及时晾晒或烘干，制成干芡米，以防止发酵、霉变，利于长期储存。1 千克鲜芡米可晒成干芡米 0.5 千克左右。

鲜芡米还可以装入水袋中，带水速冻保鲜。便于长途运输，并可一年四季解冻食用。

用铜指甲剥鲜芡实

用钳子夹老芡实

干芡米

速冻鲜芡米

附：北芡采收

北芡多刺，多采用一次统一采收。9 月下旬植株叶片渐小，外围大叶边缘略枯焦，果皮发红有突起时，即可采收。采收时，人乘小船，用长柄镰刀齐基部割下果柄，浮散水面，再用小镰刀割去果柄，用捞篮捞起果实。有部分果实自然爆开散落，冬季枯水时还可用蹚网打捞散落水底的种子。

留种

在第三四轮采收的时候，同时进行选种工作。选择有大叶两三张，直径 2 米左右，带有一两张小叶，有 15 只以上的果实，果实饱满、扁圆充实、个大的植株，作为种株，每一种株选一个果实留种，把果实顶部的萼尖摘去一片作为标记。下一次采收时，将充分成熟的留种果采下，剥去果皮取出种子，又去除假种皮，再一次筛选，选择颗粒饱满、颜色较深的种子，洗净后放入蒲包，埋入水塘淤泥下 30 厘米处，或沉于河池水底。

芡实的采收

赤豆芡实甜羹

苏州市 周其昌制作

主料：
芡实 150 克
红豆 150 克
红枣 50 克
藕粉 30 克

调料：
白糖 2 大匙

准备：
1 将芡实、红豆、红枣分别洗净。
2 藕粉加水化开。

制作：
1 锅中放足量水，放入红豆、红枣，大火煮开，转小火焖 1 小时，煮成红豆汤。
2 倒入芡实，大火煮开，加白糖 2 大匙。
3 将藕粉放入大碗中，加少量冷水化开。
4 将藕粉水倒入沸腾的红豆汤中，迅速搅动至透明糊状即可。

把芡实倒入红豆汤

徐徐倒入藕粉水

煮熟透明糊状

赤豆可健脾止泻，利水消肿，适宜各类型水肿之人食用。藕粉是久负盛誉的传统滋养食品，老幼妇孺、体弱多病者尤宜。红枣可养血生津，能补中益气，亦适合身体虚弱、脾胃不和之人。这温润中点缀着点点红色的甜羹，是强健体质的佳品。

芡实粥

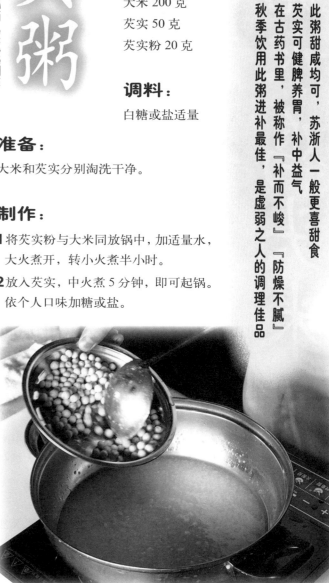

苏州礼耕堂点心师 宋兆还制作

主料：
大米 200 克
芡实 50 克
芡实粉 20 克

调料：
白糖或盐适量

准备：
大米和芡实分别淘洗干净。

制作：
1 将芡实粉与大米同放锅中，加适量水，大火煮开，转小火煮半小时。
2 放入芡实，中火煮 5 分钟，即可起锅。依个人口味加糖或盐。

此粥甜咸均可，苏浙人一般更喜甜食。芡实可健脾养胃，补中益气。在古药书里，被称作『补而不峻』『防燥不腻』，秋季饮用此粥进补最佳，是虚弱之人的调理佳品。

桂花糖水鸡头米

糖水鸡头米最能品出鸡头米的本味，此菜关键在于选取现剥的鲜嫩鸡头米，最大限度保存鸡头米的水嫩清香，配以白糖桂花佐食，是最常见最经典的吃法

主料：

芡实 500 克

调料：

白糖适量

糖桂花适量

准备：

将芡实洗净。

制作：

方法一：

1 锅中加足量水，倒入芡实，大火煮开。

2 撇去浮沫，依口味加适量白糖和糖桂花，再煮开 1 分钟，即可出锅。

方法二：

1 锅中加足量水、适量白糖，煮开成糖开水。

2 将事先浸在水中的芡实捞出投入锅中，等水再次冒泡煮开半分钟，加入糖桂花，即熄火出锅。

方法三：

1 锅中加足量水，大火烧开，放入芡实余烫 10 秒，捞出沥去水分。

2 将白糖与桂花各置一盘，供用者自由取用。

银耳绿豆鸡米羹

苏州市江湾村 胡敬东制作

主料：

芡实 150 克

绿豆 150 克

干银耳 30 克

红枣 50 克

调料：

白糖 2 大匙

准备：

1 将芡实洗净。

2 干银耳泡发，洗净，撕成小朵。

3 绿豆洗净，泡 1 小时。

4 红枣洗净。

制作：

1 锅中放足量水，放入芡实、绿豆、银耳，大火烧开，转小火炖 1 小时至汤水黏稠。

2 放入红枣，再煮 10 分钟，加入白糖 2 大匙，搅拌均匀，即可。

芡实和大枣维生素含量丰富，银耳和绿豆都有清凉解毒之功效，此粥最宜夏日，清暑益气养生

苏州市江湾村 胡敬东制作

西芹百合鸡头米

主料：
芡实 500 克
西芹 200 克
百合 100 克

调料：
食用油 2 大匙
盐 1 小匙
淀粉 1 小匙

准备：

1 将芡实洗净。放入沸水中余烫 1 分钟，捞出备用。

2 将百合分瓣掰下，放入沸水中余烫 30 秒，捞出过冷水冲净。

3 西芹洗净，切成约 5 厘米长的小段。

4 淀粉加少量冷水调成水淀粉备用。

制作：

1 炒锅中放油 2 大匙，放入芹菜和百合，翻炒 2 分钟。

2 放入煮熟的芡实，翻炒 1 分钟，加盐 1 小匙，倒入水淀粉，翻炒均匀，即可出锅。

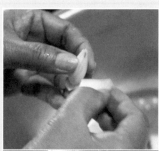

西芹含有芳香油、多种维生素、多种游离氨基酸等有促进食欲、降低血压、健脑、清肠利便等作用常食百合可清心明目，提高身体免疫力

豌豆仁鸡头米

主料：

豌豆仁 100 克

芡实 100 克

调料：

食用油 2 大匙

盐 1 小匙

味精 1/2 小匙

淀粉 1 小匙

准备：

1 豌豆仁、芡实分别洗净。

2 淀粉加少量冷水调成水淀粉备用。

制作：

1 锅中放水，大火烧开，放入芡实氽烫 15 秒，捞出沥去水分。

2 下入豌豆仁，氽烫 15 秒，捞出沥去水分。

3 另起锅放盐 1 小匙，味精 1/2 小匙，加水淀粉勾芡，放食用油 2 大匙，大火烧至四成热时，放入芡实、豌豆仁，快速滑炒数下，即可起锅。

此菜取二者搭配，颜色清丽，且口感皆柔嫩包浆

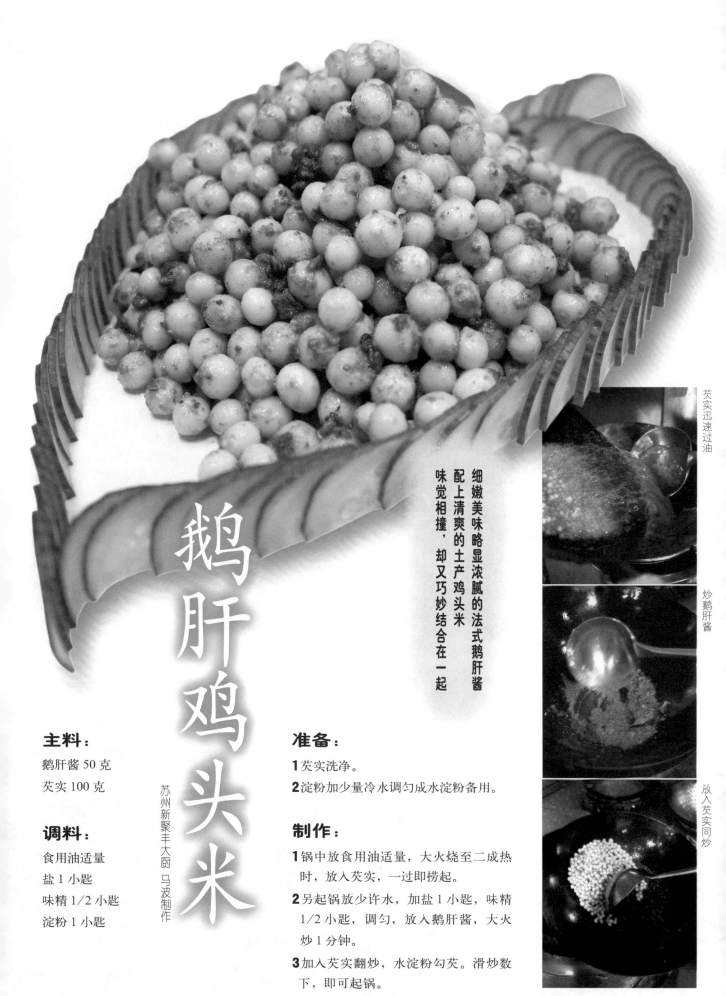

鹅肝鸡头米

细嫩美味略显浓腻的法式鹅肝酱
配上清爽的土产鸡头米
味觉相撞，却又巧妙结合在一起

苏州新聚丰大厨 马波制作

主料：

鹅肝酱 50 克
芡实 100 克

调料：

食用油适量
盐 1 小匙
味精 1/2 小匙
淀粉 1 小匙

准备：

1 芡实洗净。

2 淀粉加少量冷水调匀成水淀粉备用。

制作：

1 锅中放食用油适量，大火烧至二成热时，放入芡实，一过即捞起。

2 另起锅放少许水，加盐 1 小匙，味精 1/2 小匙，调匀，放入鹅肝酱，大火炒 1 分钟。

3 加入芡实翻炒，水淀粉勾芡。滑炒数下，即可起锅。

芡实迅速过油

炒鹅肝酱

放入芡实同炒

27

鸡头虾仁

苏州市得月楼大厨 陈军 制作

这是一道清淡的家常美食

鸡头米是太湖特产，性平和，清香宜人

最宜与同样清淡的菜肴同做

品后仿佛有太湖水的甘甜

28

主料：

芡实 300 克
青豆 100 克
虾仁 300 克

调料：

食用油 1 杯
盐 1 小匙

准备：

将芡实、青豆、虾仁分别洗净。

制作：

1 将芡实和青豆一起放入沸水中焯 1 分钟，捞出过一遍冷水。

2 锅中放食用油 1 杯，中火烧至七成热，放入虾仁，迅速滑炒至变色，再倒入芡实、青豆，过一下油，迅速倒出，沥净油分。

3 另起热锅，将虾仁、芡实、青豆重新倒回锅中，放盐 1 小匙，大火翻炒 1 分钟，即可出锅。

苏州礼耕堂大厨 叶华制作

荷叶老冬瓜芡实汤

主料：

冬瓜 100 克
芡实 70 克
新鲜荷叶 1 张

调料：

盐 1 小匙
味精 1 小匙
鸡精 1 小匙

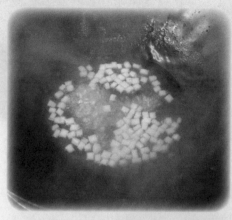

准备：

1 冬瓜去皮洗净，切成小丁。芡实洗净。
2 新鲜荷叶刷洗干净。

制作：

1 锅中加足量水，大火烧开，放入芡实余烫 1 分钟，捞出沥去水分。
2 放入冬瓜丁余烫 1 分钟，捞出过一遍冷水，沥去水分。
3 放入荷叶余烫 10 秒，取出沥去水分。
4 将荷叶铺在汤盆底。
5 另起锅放适量水，大火烧开，加味精 1 小匙，盐 1 小匙，鸡精 1 小匙，放入芡实、冬瓜丁，搅拌均匀，倒入荷叶盆中即可。

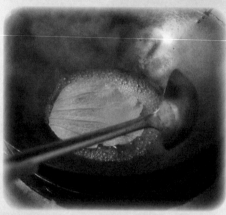

盛夏之际，最宜来碗荷叶老冬瓜芡实汤。碧绿的荷叶衬着一碗翡翠般的鲜汤，荷叶冬瓜是解暑热的佳物，芡实健脾。眼睛和身体都受滋养。

芡实百合芋头煲

苏州礼耕堂大厨 叶华制作

此菜先用油淋一遍，再快炒出锅，是为防止百合出水，保持脆嫩的口感

主料：

芡实 100 克
百合 100 克
芋头 200 克

调料：

色拉油足量
盐 1 小匙
味精 1 小匙
淀粉 1 小匙

准备：

1 芋头去皮洗净，切 1/4 块。芡实、百合分别洗净。

2 淀粉加少量冷水调匀成水淀粉备用。

制作：

1 锅中加足量水，大火烧开，放入芡实余烫 30 秒，捞出沥去水分。

2 沸水中放入芋头丁，待水再开后加一次冷水，再沸后即捞起，过一遍冷水。

3 将芡实、芋头丁、百合放入不锈钢大漏勺中，另起锅放足量色拉油，烧至六成热，浇淋在原料上，滤净油分。

4 另起锅放入芡实、芋头丁、百合，加盐 1 小匙，味精 1 小匙，水淀粉勾芡，大火滑炒数下，即可出锅。

烧鸡头梗

苏州群力村 郭建祥制作

主料：

鸡头梗 500 克

调料：

菜油 2 调羹

盐 1 小匙

干红辣椒 4 只

蒜苗末少许

葱花少许

准备：

将鸡头梗去皮，切段，再对剖，洗净。

制作：

1 炒锅中放菜油 2 大匙，中火烧至六成热，投入鸡头梗翻炒 1 分钟。

2 加水 1 杯，大火烧 10 分钟。

3 加盐 1 小匙、干红辣椒，翻炒至鸡头梗绵软。

4 撒葱花或蒜苗末，即可出锅。

在群力村当地，收芡实的季节
除了鸡头米本身以外，还会将鸡头梗
或者鸡头米的果皮做成菜肴
是地道的农家风味

鸡头菜

苏州市群力村 郭建祥制作

主料：
鸡头梗 500 克

调料：
食用油 2 大匙
盐 2 小匙
干红辣椒 4 只
蒜苗末少许

准备：
将鸡头梗洗净，撕去表皮，切成片，加盐 2 小匙，腌渍 1 小时，挤出水分。

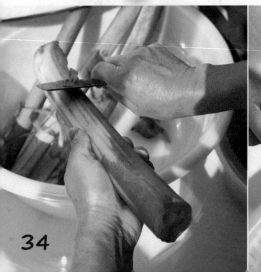

鸡头菜是芡实的嫩茎从外形上看，与藕尖非常相似但鸡头菜颜色偏红，口感上也有较大的区别有止烦渴，除虚热的功效，很适合夏天食用

制作：

1 炒锅中放菜油 2 大匙，中火烧至六成热，投入鸡头梗片翻炒 1 分钟。

2 加干红辣椒、蒜苗末，继续翻炒 2 分钟，即可出锅。

要诀：因鸡头梗已用盐腌渍过，所以炒时不用再放盐。

采访手记

（上接第2页）

的面积。不过辛苦是值得的，从最小的新叶到全叶，从花苞到初生的果实，整个芡实上上下下倒是一览无遗了。我们将根茎叶花果种各个部分一一摘取解剖拍摄，把芡实折腾得七零八碎，老伯看到都直摇头，大概觉得这两个异乡人实在是暴殄天物。

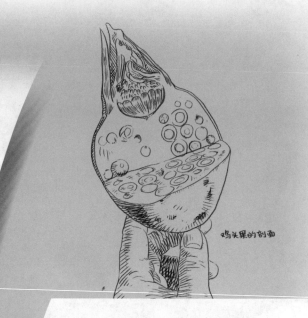

鸡头果的剖面

●割下"鸡头"采芡实

8月末，再次来到前港村，看到之前盖满叶片的芡实塘中，这时有规律地露着一个个圆形的缺口，几只花苞从水面伸出，还有一两片皱缩的小叶正在展开。原来，不少芡实塘已经采收过一轮鸡头了。我们往田埂深处中探寻，在一位老农的指引下，找到了一块正在采收的芡实塘。主人是一位大约四十岁的大哥，穿着橡胶靴和防水裤，正在田埂边休息，我们便攀谈起来。

此时正值前港村开始陆续采收芡实的时节。我们得知，每年大约处暑过后，钻入水下的花萼长成果实，渐渐膨大，果柄发软下垂，果皮变得富有弹性，若表面可以摸到一粒粒的种子，说明先期果实开始成熟，便可以陆续进行采收了。因为果实陆续成熟，所以采收期也比较长，一般隔五六天采收一轮，头一次一株可以采三个左右，之后一轮一两个，可采收八到十轮，一直持续到10月中旬。

大哥家里种了13亩不到的芡实，总共1460株，一天下来能摘两百来株，摘完一轮，下一轮的又开始成熟了。

说话间，农户准备下水继续采收。为了避免被叶脉的尖刺所伤，左手必须戴着手套，而右手拿着一把竹片削成的竹刀，提着竹篮就下水了。先顺着栽种的行间在叶面上稍微划开通道，走近植株后，用竹刀以芡实植株为中心，在叶面上划出一个圈，掀掉叶片露出水面，方便采摘芡实。左手伸入水中摸到果梗变软的成熟芡实，将其拉出水面，用竹刀在果实基部果柄处划两刀，迅速将其割下，投入放在旁边叶片上的竹篓中。来回采两行之后，将竹篓中的果实装入田埂上的袋中，再继续下水采收。

等到芡实全部采收完毕之后，芡塘的水全部排净，整田，就马上要开始改种水芹等后作了。另外将芡实留种种子装入编织袋，埋入淤泥中或浸泡在水底，埋藏贮存到来年清明前后，经过浸种、催芽，再投入田中的育苗塘育苗。

●来年芡实的育苗与移栽

第一年没赶上芡实的育苗，所以在2012年，我们又两次来到苏州，分别观察芡实的育苗与移栽。5月初的前港村，在水田的角落，我们看到农户挖出一块小小的育苗塘，水面上浮着小小的叶片，大约只有半指长，有缺口，原来这就是芡实的幼苗。请农友轻轻捞起一株来，便可以看到幼苗的根部还连着一粒芡实种壳，幼苗就是从其中生出。初生的箭形叶却像小慈姑叶一样，长出的第一片线状，第二片像小箭头，后面几片逐渐饱满，到水面上的这几片，就是有缺口的椭圆盾牌状了，很难想象两三个月后的庞然大物，幼时是这个样子的。农户说，等到这些幼苗再长大一些，长出几片圆叶时就要移苗到稍大的水田，继续育苗，直至6月才可定植。

6月上旬，我们在苏州工作时，偶然间从苏州前文化局局长高福民先生口中得知，在其家里工作的王四香阿姨是苏州群力村人。群力村是从前苏州著名的"南荡鸡头"的原产地，现在虽然已经成为现代化小区，但是居民们很多还继续到外地包地种植芡实。此时正值芡实定植大田的最后几天，所以我们当下马上决定，随着王阿姨的丈夫徐海根师傅一起到田中记录定植工作。

徐师傅家里今年包的田在苏州西南的横泾，在定植期每天要凌晨3点半起床准备出发，所以我们劳烦周晨老师一同驱车随同前往，到横泾水田中，一一记录农户忙碌的劳作。徐师傅先是把

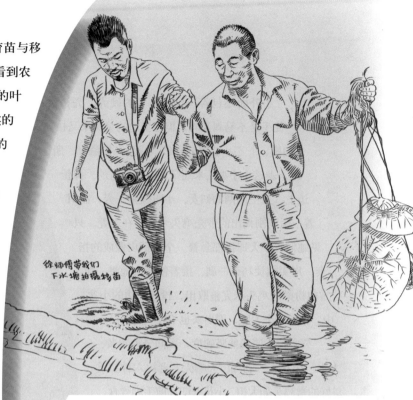

徐师傅带我们下水塘拍摄幼苗

水田里的芡实苗逐一小心挖出，叠放在担子中，再整担整担地装进面包车后备厢，运至定植田，马上依照原来划分好的距离，一一定植好，再捞除水塘的浮萍杂草，芡实的种植工作就可以告一段落了。

● 小小鸡头米，加工不简单

前港村收成的芡实，除了自己加工处理贮藏外，还直接运往各处的销售市场。于是，每年从8月下旬开始，苏州的大小集市巷边，便能陆续见到贩卖芡实的摊位，边剥边卖，也是一道风景。2011年8月末，我们特别来到苏州古城东葑门旁的葑门横街，采访芡实贩卖。横街南傍葑门塘，从前便是水乡农民渔民汇聚贩卖鱼虾、水八仙的集市，至今如此。

街边有不少小摊摆着一袋袋未加工的鸡头，一颗圆溜溜的鸡头里边，像石榴一样藏着大量直径一两厘米的种子，全部掏出来总数能有一两百个。种

子外面还包着一层棕黄色的硬壳，壳极硬，徒手是不易剥开的，但是里边的鸡头米又极其白嫩，一不小心容易弄破，成为一摊糯糊，所以，剥这小小鸡头米还是颇有点门道的。摊位边上，三三两两的妇女、小贩围坐一旁，面对着一匾刚刚掏出的带壳鸡头米，正在剥壳。只见她们右手大拇指都套着一个用铜皮做成的指套，用尖端使巧劲一剥，接着便轻松地将一粒雪白粉嫩的鸡头米完整取出，投入一边的小盆中。整整一个大匾，剥出来也不过一碗而已。

芡实按不同成熟坚硬度，民间分为鸡黄、大担、小花衣、剥坯、大响壳、老粒六种。质量好的嫩鸡头如大担、小花衣即如前手剥鲜食，剥坯、老粒可用钳子夹开，剥坯多晒成干芡米，老粒还可留种。而我们在前港村的小河边，却又看到另一种老鸡头的处理方法。农妇先将坚硬的老粒带壳用水煮过，这样壳变得略软，而里边的肉也熟硬些，接着装在网袋中，在河边石板上用木槌不断敲打，使硬壳破碎，然后在河中淘洗，继续敲打、淘洗，直至网袋里只剩下雪白的鸡头米，煮汤炒菜或者直接吃均可。

因为过于鲜嫩，鲜鸡头米的贮藏和运输也是一个问题。以往一般晒干制成干芡米贮藏，或者加工成芡粉，外地以及非当季是很难吃到鲜鸡头米的。现在则将鸡头米装入小水袋中，

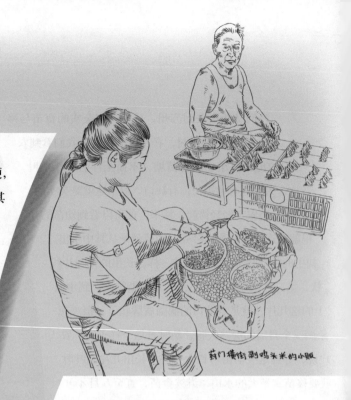

葑门横街剥鸡头米的小贩

带水速冻成冰块保存在冰柜中，这样解冻之后，便可以一年四季都吃到鲜嫩的鸡头米了。

● 鸡头米怎么吃

鸡头米的吃法最简单，却又最讲究。撇开鸡头米炒虾仁、荷塘小炒这些炒菜不谈，苏州人最地道的吃法，还是讲究本味的桂花糖水鸡头米。烧开一锅水，接着投入一把新鲜鸡头米，在水再起沸滚之时立即熄火出锅，加糖、桂花，这时的鸡头米最嫩最鲜，软糯有弹性，口感最好。但是这个时间的把握很重要，一不小心煮过了头，便成为"橡皮弹子"了。

在和苏州水生蔬菜研究所的鲍忠洲老师闲聊时，我们无意中听说，除了鸡头米之外，鸡头梗也就是叶柄和果柄，甚至果皮，都是可以吃的部分。于是专程到历史上"南荡鸡头"的传统种植区群力村的农户家中采访，吃到这道"鸡头菜"，口感有如藕片，食后唇齿间留有一丝的清甜，还可以腌渍炒食，别有风味。若不是在产地，是无论如何也吃不到的。■

鸡头美可烹，明珠藏满腹

——芡实漫谈

文：陈诗宇

《红楼梦》第三十七回中，袭人叫宋妈妈给史湘云送东西，"端过两个小掐丝盒子来，先揭开一个，里面装的是红菱、鸡头两样鲜果"。不知道的读者大概会纳闷，"鸡头"怎么又是鲜果？其实这里说的，正是水八仙中的"芡实"。

形如鸡头的芡实

"鸡头"其实并不是一个俗名，并且在实际使用中，可能一直都比"芡"还要普遍一些。其得名很早，至少在汉代就有此记载，《淮南子》、《说文》、《广雅》、郑玄注《周礼》都有记录"鸡头"或"芡，鸡头也"的解释，《神农本草经》也有"鸡头实"的条目。西晋司马彪注《庄子》中所提的"鸡壅"时说："鸡壅即鸡头也。"

之所以叫鸡头，正是因为芡实特别的果实：长长的果柄顶端是一颗球形的果实，其上带着尖尖的花萼，正如鸡喙一般。难怪中国人一开始就给它起了"鸡头"这个名字，就像北魏贾思勰在《齐民要术》中讲的一样："子形上花似鸡冠，故名曰'鸡头'。"在各地还形成有一系列同属此类的称呼，比如雁喙实、雁头、乌头、鸿头、水鸡头、鸡喙、鸡咀莲、鸡头苞、鸡头果等等，果实中充满一粒粒的果粒，剥离出来就叫"鸡头米"，是其食用部分。

至于芡实的本名"芡"，在《周礼·天官冢宰·笾人》中有提到，"加笾之实，菱芡栗脯"，芡实是当时祭祀、宴享的食物之一。芡实的生长环境和菱、莲比较接近，所以在文献里常常并举，《吕氏春秋》称"夏月则食菱芡"，它们在遗址里也往往相伴出土，《周礼》中统称为"膏物"，《管子》中甚至把芡实称为"卵菱"。

芡实与莲藕同属睡莲科，花叶长得和睡莲、王莲也有相似之处，叶片巨大，但野生品种浑身有刺，《本草图经》："鸡头实，生雷泽，今处处有之，生水泽中。叶大如荷，皱而有刺，俗谓之鸡头盘。"《古今注》："叶似荷而大，叶上蹙皱如沸。"所以又有刺莲藕、假莲藕、刺莲蓬实等名字。

"芡"可济"歉"

芡实的淀粉含量很高，可以直接煮熟食用以充饥，也可以制成淀粉，我们所熟知的"勾芡"，起初用的就是芡粉，后来虽然淀粉的来源广泛了很多，"勾芡"这个词还是被保留下来。而芡实的"芡"字，可能也和其在歉收的荒年，可以被采集充作粮食救饥有关。李时珍在《本草纲目》里认为"芡可济俭歉，故谓之芡"，并提到"深秋老时，泽农广收，烂取芡子，藏至椑石，以备歉荒"。

明末医药学家倪朱谟也持这一观点,在《本草汇言》中说:"年荒五谷之不登曰歉,此物能济荒充食以疗饥,故曰芡也。"

芡实可以充饥这件事,很早就被中国人发现,古代还有地方官提倡百姓多贮藏芡实,以防饥荒。《古今注》云:芡实"实有芒刺,其中如米,可以度饥"。元代王祯的《农书》说:"鸡头作粉,食之甚妙。河北沿漇泺居人采之,舂去皮,捣为粉,蒸煠作饼,可以代粮。龚遂守渤海,劝民秋冬益蓄菱芡,盖谓其能充饥也。"明代《救荒本草》里也列出了"鸡头实"条:"救饥:采嫩根茎煠食。实熟,采实剥仁食之。蒸过烈日晒之,其皮即开。舂去皮捣仁为粉,蒸煠作饼皆可食。"汪曾祺是江苏人,他曾画有一幅小品画,画上除了荸荠、慈姑,还有一颗大芡实,画上题词"水乡赖此救荒",很直白地说明了这些水生作物对于水乡人的意义。

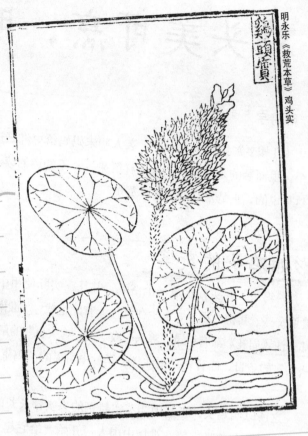

明永乐《救荒本草》鸡头实

芡实不仅果实可以吃,果皮、嫩果柄、叶柄,都是可以食用的部分。不少史料都有提到"其茎梗之嫩者,人采以为菜茹""其茎长至丈余,中亦有孔有丝,嫩者剥皮可食"。直到今天,苏州产芡实的农家,还有不少采芡实梗入菜的做法,称之为"鸡头菜"。

北芡与南芡

虽是水生植物,但野生芡实的分布其实很广,南北皆有,汉代扬雄《方言》就记载,当时芡实"北燕谓之菱,青徐淮泗之间谓之芡,南楚江湘之间谓之鸡头,或谓之雁头,或谓之乌头"。从当时各地叫法的众多,其分布之广也可见一斑。

因为其食用价值高,还可济歉,所以中国人也比较早注意到了芡实的采集和栽培,但长期以来还是以野生或半人工栽培为主,如北魏《齐民要术》在"养鱼篇"附带提到的"种芡法":"八月中收取,擘破取子,散著池中,自生也。"只是收集种子撒播池中,主要靠其自生。当时的芡实品种多为野生种,浑身是刺,包括叶柄、果柄、果实表皮、萼片、叶片均密生细刺,不便采摘。种子也较小、粳性,产量低。

大约到了明代,或许是因为芡实栽培技术的逐渐提高,以及长年以来的品种选育,芡实也逐渐形成了一些品质优良的地方品种。明代弘治年间的《本草品汇精要》记载，芡实"江南产者其汇红紫，光润无刺；自扬而北产者，汇有刺而青绿为异"。首次提到了江南产出的叶柄、花果"无刺"的芡实。明《姑苏志》称，芡实"出吴江者壳薄色绿味腴，出长洲车坊者色黄，有粳糯之分"。《元和县志》："出江田何家荡车坊及葑门外杨枝荡，大而糯者为上，粳者为下。"《吴邑志》："芡生黄山南荡，谓之鸡头。"

汪曾祺 《水乡赖此救荒》

可见在当时的苏州，就已经形成了无刺、色黄、性糯的品种，便于管理、采收，且产量高、品质好，"南荡鸡头"之名也一直沿用至今，就是今天名扬全国的栽培品种"南芡"，或称"苏芡"。后来还形成了"红花""黄花""白花"等品种；而野生的多刺、壳绿、性粳、产量低的野生品种，则被称为"北芡"或"刺芡"。

清代《广群芳谱》里详细记录了芡实的种植方法："秋间熟时，取实之老者，以蒲包包之，浸水中，三月间，撒浅水内，待叶浮水面，移栽浅水，每棵离二尺许，先以麻饼或豆饼拌匀河泥，种时以芦记其根，十余日后，每棵用河泥三四碗壅之。"其栽培技术和现在苏州当地实际操作方法是非常接近的。

轻身不饥，耐老神仙

芡实不仅可以充饥，药用价值也很高，自古以来都视其为滋补名品。中医认为其补中益气、健脾开胃、固肾养精，早在《神农本草经》中，就视芡实为延年益寿的上品，认为其能"补中，除暴疾，益精气，强志，令耳目聪明，久服轻身不饥，耐老神仙"。

苏东坡对养生之术颇有研究，在晚年时仍然才思敏捷，精力充沛，还写过不少与养生有关的文章，后人甚至为其编纂了一本《东坡养生集》。苏东坡对芡实十分青睐，曾创立一种食疗强身妙方，做法很简单：将芡实煮熟后，一枚一枚地细细嚼咽，每天10~20粒，持之以恒，长年不辍。据苏东坡说，这种嚼食芡实法更大的价值则在于"咽津"："人之食芡也，必枚啮而细嚼之，未有多嚼而亟咽者也。舌颊唇齿，终日嗫嚅，而芡无五味，腴而不腻，足以致上池之水。故食芡者，能使人华液涌流，转相挹注，积其力，虽过乳石可也。"

敦煌藏经洞出土的文献中，有一卷大约写于晚唐五代的《呼吸静功妙诀》，为道教修炼经诀，其后附有一则名为"神仙粥"的方子，"山药蒸熟，去皮，一斤，鸡头实半斤，煮熟去谷，捣为末，入粳（米）半升，慢火煮成粥，空心食之，或若韭子末二三两在内尤妙，食粥后用好热酒饮三杯妙"。认为以性味甘平、补中益气的山药、鸡头米、粳米熬粥食用，可以"补虚劳，益气强志，壮元阳，止泄，精神妙"，甚至名之为"神仙粥"，可见芡实强身延年的功效很早就为人所重视。南朝陶弘景也有"仙方"的记载，认为"取此合莲实饵之，甚益人"。

——苏州自古被称为"人间天堂"，苏州人近水楼台，能够时常方便地吃到新鲜的"神仙粥"，可见"天堂"之名不虚。

软温新剥鸡头肉

鸡头米洁白细腻黏糯，这个特性后来还造就了唐明皇和杨贵妃之间的一则典故。有一次杨贵妃浴罢，"对镜匀面，裙腰褪露一乳，明皇扪弄曰：'软温新剥鸡头肉。'安禄山在旁对曰：'润滑犹如塞上酥。'"唐明皇把杨贵妃的乳房比作"新剥鸡头肉"，虽十分香艳，但倒也贴切地说明了芡实美妙的质感，使芡实的美名扬天下。

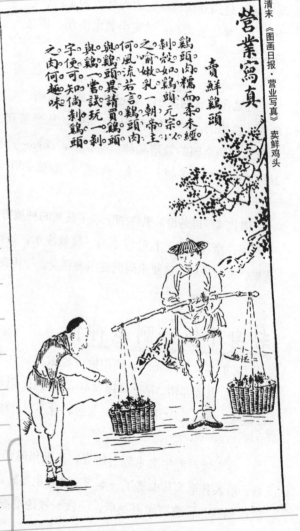

清末《图画日报·营业写真》卖鲜鸡头

鸡头肉糯而柔未经剥壳如鸡头元宗以之喻嫩乳一朝帝王何风流若言鸡头肉与鸡头异请买鸡头与鸡一尝试玩一"剥"字便可知倘剥鸡头之肉何趣味

营业写真

卖鲜鸡头

——芡实的花、果、叶都很特别，不仅果实可比作鸡头，质感可比乳房，鸡头米还可比珍珠，还因外部有刺可比刺猬，唐诗有云"一掬真珠藏猬腹"，历代以来歌咏芡实的诗文佳作也不少。苏辙有诗《食鸡头》：

芡叶初生绉如縠，南风吹开轮脱轂。

紫苞青刺攒猬毛，水面放花波底熟。

森然赤手初莫近，谁料明珠藏满腹。

剖开膏液尚模糊，大盆磨声风雨速。

清泉活火未曾久，满堂坐客分升掬。

纷然咀嚼惟恐迟，势若群雏方脱粟。

不仅描述了芡实皱缩的初生叶，舒展如轮的天叶，浑身是刺的花苞，暗藏明珠的果实，还呈现了采收芡实、众人争相品尝的景象。

清末《图画日报·营业写真》中也有一幅"卖鲜鸡头"，画上配词也十分有趣：

鸡头肉，糯而柔，未经剥壳如鸡头。

元宗以之喻嫩乳，一朝帝王何风流。

若言鸡头肉与鸡头异，请买鸡头与鸡一尝试。

玩一"剥"字便可知，倘剥鸡头之肉何趣味。

王稼句 作家，江苏苏州人

芡实

节选自王稼句：《芡实》（《姑苏食话·天堂物产》）

……芡实上市，正值初秋，时暑气未褪，买得新鲜的，用清水加冰糖做成芡实汤，清隽无匹，芡实汤与绿豆汤、冰西瓜、青莲藕一样，都是消暑的妙品；还可以将芡实研成粉末，与双弓米煮粥，也是难得的清味。文震亨《长物志》卷十一记道："芡花昼合宵展，至秋作房如鸡头，实藏其中，故俗名鸡豆。有粳糯二种。有大如小龙眼者，味最佳，食之益人。若剥肉和糖捣为糕糜，真味尽失。"文震亨说的芡实糕，也曾有店家做过。

苏州洼田水塘处处皆是，故芡实也处处皆有，以吴江所出为最佳。《古今图书集成·博物汇编·草木典》记道："物产鸡头，实大而甘，植荡田中。北过苏州，南逾嘉兴，皆给于此。浙之西湖有之，不及此也。"吴江芡实，壳薄色绿，滋味腴美，如今以同里为最多，街头巷口，处处有售。黄天荡、车坊一带产的芡实也很有名。沈朝初《江南好》咏道："苏州好，荇水种鸡头。莹润每疑珠十斛，柔香偏爱乳盈瓯。细剥小庭幽。"其实，车坊芡实色黄，且有粳糯之分。芡实以新鲜为佳，南货店卖的干芡实，滋味是远不及新鲜的。更有冒牌芡实，民国三十六年（1947）出版的《苏州游览指南》就这样提醒来苏游人："若东山南湖之不种自生者，其名鸡头者，与芡实不同，外行人购买，恐一时莫辨，游客最宜注意。"

范烟桥在《茶烟歇》里写道："苏之黄天荡在城南，故称南荡，夏末秋初产鸡头肉颇有名，叫货者即以'南荡鸡头'成一词。顾鸡头有厚壳，须剥去之，乃有软温之粒，银瓯浮玉，碧浪沉珠，微度清香，雅有甜味，固天堂间绝妙食品也，海上罗致四方饮食殆遍，唯此物独付缺如，或以隔宿即变味，而主中馈者惮烦耳。"

芡实果然好吃，剥芡实却是一件苦事，因为它的壳十分坚硬，得用剪刀剪开，才能剥肉。如今集市上，每到这一季节，便有人手戴铜指甲，现剥现卖新鲜芡实。旧时江南水乡的蓬门贫女，乃至中等人家的妇女，都将"剪鸡头"作为一项副业，以贴补家用。民国时有人写了这样一首诗，说的就是"剪鸡头"的辛苦："蓬门低檐瓮作牖，姑妇姊妹闲第就。负暄依墙剪鸡头，光滑圆润似珍珠。珠落盘中滴溜溜，谑嬉娇嗔笑语稠。更有白发瞽目姬，全凭摸索利剪剖。黄口小女也学剪，居然粒粒是全珠。全珠不易剪，克期交货心更忧。严寒深宵呵冻剪，灯昏手颤碎片多。岂敢谩夸十指巧，巧手难免有疏漏。十斤剪了有几文，更将碎片按成扣。苦恨年年压铁剪，玉碎珠残泪暗流。"节俭人家，还将芡壳晒干，作为冬季的燃料，放在手炉、脚炉、掇炉里可以代替炭墼。■

李岚 江苏苏州人

在英国肯特郡思念鸡头米

采访整理：翟明磊

小的时候，并不太爱吃鸡头米，只觉得淡淡的，哪里知道好。妈妈亲手剥新鲜的鸡头米，煮出来的汤有一种特有的淡黄色，还有一种独有的清香，是冻过的芡实没有的，加上糖和桂花就更好吃了。到了英国留学时，却特别想念新鲜鸡头米的味道。■

苏州市地方志专家　**金凯帆**

节选自金凯帆：《鸡头米的故事》　**采鸡头米**

清晨四点半的时候，水生已经准备好采摘鸡头米的工具：一把用得墨黑锃亮的竹片制成的鸡头劈和四五只蛇皮袋。走到路口，一辆小货车已等着了。水生和阿林他们一同上了车。他们又要开始采摘鸡头米的生活了。

一个多小时后，车停到太湖边，天已放亮。仲秋清晨的空气充满凉意。水生他们下了车，各自走到自己那块租来的湖塘里。

现在，水生一边用绳结扎着裤脚管，一边说笑着，踏进了齐大腿深的湖塘。水生知道这已是他今年第八次来采鸡头米了。虽然已过了采最佳鸡头米的阶段，但还不至于差到哪里。

因为采鸡头米好比割韭菜，也分头刀、二刀等，鸡头米的采摘也分有十到十二次左右，但只有第四和第五次算最好，那时的鸡头米长得最足，果实的营养也吸收得最好。

水生熟练地将左手伸进湖水中，避开桌面大小叶子下面和叶梗上的尖刺，小心摸索着，一拿一个准，右手就势用鸡头劈把一个蒲头给雕了出来。如果让外行来采摘，以为这采摘就是把蒲头剖下来呢，那就坏了，如果辣手辣脚齐梗割掉蒲头，梗茎上一留有空洞，湖水流进了梗茎，那下次你就别再想收鸡头米了，这一整棵鸡头米就全死了。■

画家，美食家，江苏苏州人　**叶放（辑）**
芡实钩沉

* 元代贾铭的《饮食须知》中称：芡实，味甘性平。生食过多，动风冷气，熟食过多，不益脾胃，兼难消化。小儿多食，令不长。芡实一斗，用防风四两，煎汤浸过，经久不坏。

* 清朝郑板桥有《咏鸡头米》诗：最是江南秋八月，鸡头米赛蚌珠圆。

* 清朝苏州人沈朝初《忆江南》吟咏芡实：苏州好，蒟水种鸡头。莹润每疑珠十斛，柔香偏爱乳盈瓯。细剥小庭幽。

* 清代徐珂在《清稗类钞》中有记载：仁和施石友上舍安好芡酪，尝用欧阳修《初食鸡头》诗韵以咏之，诗云："吾乡六月鸡头肥，青叶田田满沙觜。风味最数钱塘湖，莲房菰米差可拟。楼中煮酒快尝新，赤手森然出波底。谁传方法自厨娘，作糜乃与防风比。初看绕磨卷飞雪，忽讶轻绡漉清醴。琉璃碗盛白玉光，和以蜜味甘冰齿。此时合眼即江湖，十宿渔船红藕里。不须远忆会灵园，劈破明珠定谁美。吾侪说食继欧阳，诗味清虚聊可喜。定知舌本恋余甘，一杯漫饮鸡苏水。"■

作家，江苏苏州人　**周瘦鹃**

节选自周瘦鹃：《姑苏台畔秋光好》（《苏州游踪》）　**姑苏台畔秋光好**

苏州是稻米乡，也是鱼虾之乡，所以"吃在苏州"，也是有口皆碑的。无论果蔬鱼鲜，四季不断的由农人贩子出来担卖，一季有一季的时新货，称为"卖时新"。清代赵筠《吴门竹枝词》云："山中鲜果海中鳞，落索瓜茄次第陈。佳品尽为吴地有，一年四季卖时新。"若以秋季的时新而言，那么莲子和藕上市之后，就有南荡鸡头追踪而来了。鸡头即是新鲜的芡实，以出在黄天荡的为上品，又糯又韧又清香，剥去了表皮，只须加了水和白糖略略一煮，即可上口，实是清秋最隽永的点心。■

胡阿二 苏州市角直车坊江湾村农民

跨省去种鸡头米 采访整理：翟明磊

我是江湾村专门种芡实的，湖南桃源县深水江镇要种鸡头米，要种五百亩呢，村里就介绍我去帮他们搞，最后也成功了。

湖南人不会种，肥下得太多了，肥太多水就污染了，根子也长不下，就不行了。我把它水放光，再放新的水。当地人不会种，下的秧堆满泥，芽长不出来了。啊呀，怎么办呢？把泥扒开，芽就长出来了。

我去桃源那个地方，他们要和我合作，村里没有人肯去啊，不会弄的人去了也没有用。会弄的，年纪大了，也不肯去。只好我去了，他们让我住宾馆，吃住都他们报销。桃源水质好，山里大水库放下来的，他们没有自来水，就吃这个水的，百分之百达标。先试种五十亩，我分十亩，一起种，我指导他们桃源当地人种。五十亩，如果赚五万元，我赚一万。包地费只有二百元一亩。

鸡头米当地人不吃的，只有到苏州来卖。关键是销售，他们说这个没问题，包装袋全部弄好了，各个职能部门也联系好了。打两万斤过来到苏州，车费要一万二，车子要开18个小时。我想想到苏州来卖是不合算的。 ■

陈存仁 中医、上海人

遗泄便频多虚浊 秋来宜吃鸡头肉
节选自陈存仁：《芡实》
（《津津有味谭·素食卷》）

杂货铺出售的芡实，华中称作鸡头，广东称作芡实。它是一种水草的果实，青壳白肉，形如珍珠，其味略甜，是养生良品。《本草纲目》中说它"可作遗精要药"，《日华子本草》说它的功用可以治小便不禁、遗精带下，历来中医处方常采为补精之用。近年营养学家加以化验，知道它的肉内有树胶质，所以对医治前列腺松弛有相当功效。这种树胶质内含有的碳水化合物极丰，故一般医药学家都认为芡实是一种有效的滋补食品。较之其他高价食品以及昂贵的化学药品，芡实价廉而功效相似。

信奉营养学说的人，深知碳水化合物对于人体的重要性，并且对芡实的功能也有了深切的认识。即使是古代的医书，也对芡实赞誉有加，说它既可用作充饥，也可作为补身治疾的良药，是家境贫寒者补身佐食的佳品。

古时诗人、词人每好在诗词间称颂女性胸前美处，唤作"新剥鸡头肉"，就是指芡实细嫩洁白而且丰满肉糯。杨万里《食芡实》诗云："三危瑞露冻成珠，九转丹砂炼久如。鼻观温芳炊桂歇，齿根熟软剥胎余。"这是指秋天芡实初熟采摘煮食的风味，而春天用来煮粥其风味也是很好的。 ■

江苏苏州人 **朱漪**

溏心鸡头米

采访整理：翟明磊

苏州人煮鸡头米可讲究了。先煮水，水开后有蟹眼水泡冒出时放鸡头米。水开到有鱼眼水泡冒出时放进糖和桂花。等水开到串串气泡从锅边升起，苏州人称之为串边，就可以起锅了。

这样煮出的鸡头米外面是软软的，内心是又甜又韧，糯糯的，像咬着糖一样。所以又叫溏心鸡头米。溏心鸡头米，以前要用南塘鸡头米才煮得出，因为南塘鸡头米大。

在国外留学时，最想念的是鸡头米。这种思念没法和别人分享，在意大利，虽是水乡，完全没有水八仙，和老外讲半天，他们也弄不明白鸡头米是什么东西。也有山东来的同室。可是山东也没有鸡头米啊，她也弄不清楚。鸡头米属于苏州，对鸡头米的思念只能放在我——一个苏州姑娘的心里。 ∎

作家，江苏苏州人 **陆嘉明**

芡实如珠 品自清澄

节选自陆嘉明：《淡淡水八仙 悠悠意外味》

芡实，果实呈圆球形，尖端稍稍突起，状如鸡头，苏州人俗称为鸡头米。在我的童年印象中，觉得这是一种很贵气的末事。只因家贫，母亲从不问津。房东的儿子和我是小学同学，他有得吃。我每每见他端着一只小白瓷碗，碗中鸡头米粒粒如珠，雪白晶莹，用小汤匙舀出来，一口一口吃得津津有味，见了很是口馋，想来一定很好吃。后来家境好转，我也有得吃了，果然吃口细腻，咀嚼时又糯又黏，有一种特别的清香味。《本草纲目》中说："状如鱼目，煮食如芋。"其实，真要比芋好吃多了。

在古代，芡实与菱齐名，并非特别珍贵的食品。裴铏《传奇》载，郑德麟问舟叟："舟无糇粮，何以为食？"叟答曰："菱芡耳。"菱、芡长于池沼湖泽，属水乡风物，所以舟中无粮才以此代之。白居易诗曰"泥中采菱芡，烧后拾樵苏"；杜甫诗又云"况资菱芡足，庶结茅茨迥"，可见在唐代，芡实与菱一样，皆属平民之味，诗中展现的确是农家田园之乐。陆龟蒙的诗则更叫人口馋："盈筐盛芡菱，满釜煮鲈鳜。"别说是芡菱之属盛而"盈筐"，即便是当今特别稀奇的鲈鱼和鳜鱼，也是"满釜"而煮的。遥想当年此等俗情，真是风致嫣然。

孙思邈在《备急千金要方》中说："鸡头实味甘平，……益精气，强志意。"这鸡头米，真是补物，味道又好。苏州人吃鸡头米，吃得精致细气，在吴地风情中，自有一种内在的韵致。从前苏州大街小巷，你常会看见有小贩挑着一副"骆驼担"，敲着竹梆子卖糖粥之类的小点心，那敲竹梆子的声音特别诱人：笃笃笃、笃笃、的的的笃；的的的、笃笃、的的笃……竹梆声轻轻重重缓缓急急，抑扬顿挫，节奏如乐，就先把你诓了去。咦，你别说，这骆驼担上的糖粥，还真好吃。尤其是寒露一过新鸡头米上市，那桂花鸡头米糖粥，真是别具一格的苏州小点心，又香又糯又有咬劲，清甜而滑爽，吃了还想吃。不过，你最好不要贪多，这在苏州是用来"点饥"的点心，吃得太饱，反倒乏味。现代厨师在传统小吃上翻新，在黏稠的鸡头米糖粥里，再拌以桂花糖、豆沙或各色果脯，即成一道创新点心，既柔腻濡润，又清雅生津，真可谓"世间第一

王四香 苏州市群力村村民

口剥鸡头米绝技 采访整理：翟明磊

我是苏州群力村人。我们群力村有一个绝技：口剥鸡头米。像大鸟喂小鸟一样，右手捡来，放在左手，再放入口中，沿着两个发芽点往下轻轻一咬，吐出壳，鸡头米留在嘴里。要咬得准，咬不准就是两瓣。一般嘴里要满十五粒，才吐出来。

口剥的鸡头米，浆水足。你不会咬，十斤剥出来是七两，我就是九两，为什么？不会咬的，鸡头米容易破，里面浆水都跑掉了。这自古以来是群力村的绝活，男女老少都会，一个小时能剥六七斤。这些年来才改成用铜指甲，因为人家嫌我们口剥鸡头米不卫生。其实有啥不卫生的，都要洗过的。以前群力村新鲜鸡头米全是口剥的，现在已经没有一个是口剥的了。 ■

补人之物"。喜蔬食者，尤爱吃粥。宋代陆游曾作《食粥》诗一首："世人个个学长年，不悟长年在目前。我得宛丘平易法，只将食粥致神仙。"他老人家如若吃到这等苏州的鸡头米糖粥，更将是神仙中人了。还有一种桂花鸡头米小圆子，以新鲜的鸡头米加绵白糖和糖桂花熬制成汤，再加糯米小圆子，食之，粒粒如珠，软糯甜香。芡实，在苏式宴筵中，常作甜点，颇受人欢迎。一年清秋，我请外地客人吃饭，席间一碗鸡头米小圆子上来，原说外地客不喜欢甜食，哪知来客连连说：好吃好吃。三匙两匙，顷刻告罄，皆赞是物"最为饮食之妙诀"。

我惊造化独造，水中竟生如此佳品。记得在《全唐诗》中有一首无名氏的《鸡头》诗，描绘极为生动传神："湖浪参差叠寒玉，水仙晓展钵盘绿。淡黄根老栗皱圆，染青刺短金罂熟。紫罗小囊光紧蹙，一掬珍珠藏猬腹。"诗写得好，又觉得好吃，就想见识见识她的水中倩影。然久居市井，虽数度下乡，终不识其物。只听说有北芡南芡之分，太湖一带为南芡，叶大肥厚，浓绿皱褶，开紫色花者为早熟品种，称"红花芡"；开白色花者为晚熟品种，称"白花芡"。北芡多野生，而南芡则为人工栽培。约在公元3世纪《周礼》一书中就有载："加笾之实，菱芡栗脯。"明代《吴邑志》中，对苏州的芡实栽培更有详细的记载。可见吴地栽芡食芡的历史可谓久矣。苏州黄天荡为芡实历

史著名产地，且品味最为上乘，有"南荡鸡头"（或为"南塘鸡头"）之称。芡的果实为海绵质的浆果，状如鸡头，倒也见过。是为紫红色，周围生满硬刺，虽不中看，却有野逸之趣。果实粗粝，形若草草，却"乾坤虽小房栊大，不足四旋睡有余"，内蕴密集的种子，是为暗红色而近乎黑色，殊不料剥开硬壳，便是雪白干净的鸡头米，即为芡的待字闺中的娇嫩胚芽。我曾见江南的水乡女子，穿着吴地的水乡衣饰，或独坐木门长窗之前，或三三两两围坐沿河矮桌旁，耐心而细心地剥着，恁的不慌不忙不急不躁。剥出来的鸡头米养在水钵里。如若珍珠秀润清妍，晶莹剔透。此等情景，自有一种闲境的静味。看着她们一双双粘满黑色浆汁的手，有的甚至剥出紫血泡来了，真令人感动。你若作江南水乡之游，能见此景致，亦为机缘，可买点回去尝个鲜。现在产量多，价本便宜，就不要还价了。水乡女子生就纯朴、老实，看一眼那黑乎乎甚至带着紫血泡的双手，这份辛劳就叫人心软，更何况你买她的鸡头米，最是那低头的嫣然一笑，以及那糯糯甜甜的苏州话，"才到吴乡听吴语"，就足够你细细回味了，何必再讨价还价？

闲读《红楼梦》，见三十七回中写到，袭人派人给湘云送去两样时令水果，一样是红菱，一样便是鸡头。原来鸡头米还可以当水果生吃的，待上市时，我倒也要尝尝，不知味道如何？ ■

编后记

《中国水生植物——苏州水八仙》终于进入编后，我们也得以松一口气，在把本书呈现给读者之前，需要感谢为这套书提供过帮助的朋友们。

2010年4月10日，汉声编辑到苏州文化名家叶放先生家做客，叶先生既是画家，又是美食家，在谈起苏州风物时，提及苏州的八种水生蔬菜"水八仙"，引起我们的关注和兴趣，当即确定下这个题目。随后通过叶放的联系，发动了苏州摄影家汪浩和记者李婷，当晚在十全街的五卅饭店以沙洲优黄举杯，同我们一起组成在苏州最早的采访团队。汪浩先生在接下来，多次亲自到苏州的水八仙种植区持续追踪采访，为我们提供了许多高质量的照片。

从2010年6月开始至2012年8月，汉声编辑从北京和台北来到苏州二十余次，田野采访工作持续了两年多，前前后后得到许多苏州朋友的支持。苏州作家王稼句老师提供了许多水八仙的文史信息，使我们得以接触到水八仙背后深厚的文化。苏州前文化局局长高福民先生也为我们的采访帮忙牵线。还要特别感谢苏州设计家周晨先生为我们采访提供的便利和帮助。

风物志在文史背景下，还要关注植物本体科学性的知识，才能更好地详尽记录。苏州市蔬菜研究所原副所长鲍忠洲、苏州农林局推广站专家陈金林为我们提供了极其详尽的关于水八仙植物学和栽培学上的知识，以及苏州水八仙的种植概况。